Angelika
Kipp

Gute Besserung!

Fensterbilder-Geschichten aus Tonkarton

frechverlag

Tips und Tricks

Material

– Tonkarton in verschiedenen Farben
– Transparentpapier für Schablonen

Übertragen des Motives

Haben Sie sich für Ihr Motiv entschieden, legen Sie ein Stück Transparent- oder Butterbrotpapier auf den Vorlagenbogen. Befestigen Sie es mit einem kleinen Klebestreifen, damit es nicht verrutscht.
Dann werden alle Linien mit einem weichen, aber spitzen Bleistift nachgezogen. Anschließend wenden Sie das Transparentpapier und legen es auf den Tonkarton. Mit einem spitzen Bleistift ziehen Sie die gewünschten Linien nochmals kräftig nach. Bei diesem Arbeitsgang wird der zuerst gezeichnete Bleistiftstrich auf den Karton übertragen.
Die Vorlagen können Sie nun mühelos ausschneiden; evtl. vorhandene Bleistiftstriche entfernen Sie mit einem weichen Radiergummi. So werden nacheinander alle Tonkarton-Farben bearbeitet.

Gestaltung des Motives von der Vorder- und Rückseite

Ein frei hängendes Fensterbild sollte sowohl von der Vorder- als auch von der Rückseite gearbeitet werden. Hierzu benötigen Sie die meisten Teile in doppelter Ausführung.
Die Teile werden spiegelverkehrt, aber in der gleichen Reihenfolge wie auf der Vorderseite angeordnet.

Fotos: frechverlag GmbH + Co. Druck KG, 70499 Stuttgart; Fotostudio Ullrich & Co., Renningen
Zeichnungen: Berthold Kipp

Auflage: 5. 4. 3. 2. 1. | Letzte Zahlen
Jahr: 1999 98 97 96 95 | maßgebend

ISBN 3-7724-1938-0 · Best.-Nr. 1938
Druck: frechverlag GmbH + Co. Druck KG, 70499 Stuttgart

Auwei, auwei, hier ist einiges schiefgegangen:
Stachel ist einfach auf die Straße gelaufen und wurde von einem Auto angefahren, Quiek entdeckt, daß auf seinem Bäuchlein lauter rote Tupfen aufgetaucht sind, und der Regen-Ausflug von Rabi endet mit hohem Fieber und bitterer Medizin! Der kleine Teddy ist vom Regal gefallen, die 1,50 m Halsschmerzen der Giraffe stellen die anderen Zootiere vor große Probleme, und das Elefantenkind Trampel versucht, sich mit allen Tricks vor dem Impftermin zu drücken …

Allen Fensterbilder-Tieren dieses Buches sind kleine Mißgeschicke passiert – hier müssen Verbände gewickelt werden, da ist eine Spritze fällig, dort muß ein Gips angelegt werden, und der Arm kommt in die Schlinge. Aber welch ein Glück: Alle werden auch wieder gesund und können erzählen, was ihnen passiert ist. Und natürlich erklären sie auch, wie sie als Fensterbilder aus buntem Tonkarton nachgearbeitet werden.

So bietet dieses Buch weit mehr als Bastelanleitungen – es ist ein wunderschönes Bilder- und Vorlesebuch, das nicht nur kranken Kindern gefallen wird. Wenn die Langeweile im Bett zu groß wird, wenn das gebrochene Bein unterm Gips juckt, dann sorgen Hupf, Graby, Morle und all ihre kranken Freunde für Abwechslung und Unterhaltung bei den kleinen Patienten! Und wenn Mausi wieder gesund aus dem Krankenhaus entlassen wird, wird vielleicht auch die Angst vor dem eigenen Krankenhaus-Aufenthalt ein bißchen kleiner!

Viel Spaß beim Basteln und – gute Besserung!

Ihre Angelika Kipp

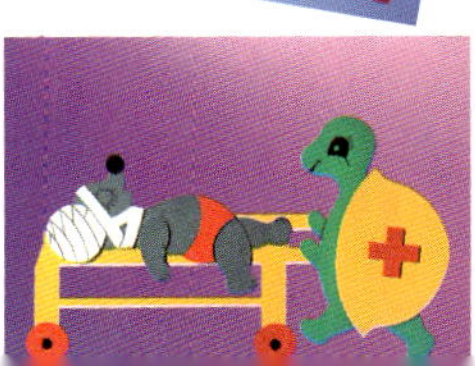

Ein Verkehrsopfer!

Eigentlich weiß ja jedes Kind, daß man nicht einfach über die Straße laufen darf ...! Man muß zuerst nach links und nach rechts schauen, ob ein Auto kommt. Und erst wenn keine Gefahr besteht, darf man die Straße überqueren.

Und eigentlich wußte Stachel, der kleine Igeljunge, das auch. Nur – heute war alles anders: Denn heute war das große Fußballturnier, und Stachel war der Torwart. „Ich halte alle Bälle, ich bin der Größte", rief er fröhlich und machte sich bereit, den nächsten Torjäger abzufangen. Brumm, sein Bärenfreund, schoß den Ball mit aller Kraft Richtung Tor. Und der Ball flog und flog und flog ... – genau über das Tor! Und dann rollte er und rollte er und rollte ... – quer über die Wiese, direkt auf die Straße zu.

„Stachel, paß auf, da kommt ein Auto!" schrieen seine Freunde – aber der kleine Igel hatte dafür kein Ohr. Ohne nach links oder rechts zu schauen, rannte er dem Ball hinterher – über die Wiese, direkt Richtung Straße! Und schon war es passiert: Autoreifen quietschten, Stachel lag vor dem Auto am Boden und weinte. Sein Kopf tat weh, einige Stacheln waren gebrochen. Für ihn war das Fußballturnier zu Ende; ein Krankenwagen brachte den verletzten Igeljungen ins Krankenhaus, wo er einen dicken Kopfverband bekam. Und dabei hatte Stachel noch ganz schön Glück gehabt – seine Unachtsamkeit hätte auch viel schlimmer ausgehen können!

Aber eines hatte er auf jeden Fall gelernt: Fußballturnier oder nicht – nie wieder würde er über die Straße laufen, ohne vorher nach links und nach rechts zu schauen!

Bei dem verletzten Igelchen zeichnen Sie das Auge und die Nase sowie beim Kopfverband die Wickelnähte auf.
Fixieren Sie den Stock unter der Pfote, und kleben Sie das gesamte Rücken-Stachel-Teil auf den Körper.

Der Kopfverband wird aufgesetzt und mit den Stacheln versehen.
Und diesmal paßt Stachel besser auf, wenn er über die Straße gehen will!

Masern

Ferkelchen Quiek rannte wie jeden Nachmittag zum Spielplatz, wo seine beiden Freunde, die Katze Morle und der Hund Wuff, schon auf ihn warteten! „Hallo, Ihr, was spielen wir denn heute?" rief Quiek schon von weitem. Doch die beiden achteten gar nicht auf seine Frage, sondern starrten das Schweinchen nur an.

„Hey, was ist denn los, was schaut Ihr denn so?" beschwerte sich Quiek. „Wie siehst du denn aus? Willst du zum Karneval?" kicherte Morle. Zum Karneval? Mitten im Sommer? Morle und Wuff deuteten lachend auf das dicke Bäuchlein von Quiek, und als sich das Ferkelchen einmal genauer ansah, wußte es, was die beiden meinten: Da waren ja überall rote Flecken! Und so sehr Quiek auch rieb und rubbelte – die Flecken wollten einfach nicht verschwinden! Im Gegenteil, es fing am ganzen Körper an zu jucken, und je mehr sich Quiek kratzte, um so schlimmer wurde das Ganze.

Weinend rannte Quiek nach Hause: „Mama, Mama, es juckt so", schluchzte das Ferkelchen. Mama Schwein nahm ihren Kleinsten liebevoll in den Arm und schaute sich die Sache einmal genauer an. „Da müssen wir jetzt gleich zum Arzt", sagte sie.

Und was meinte der Arzt? „Das sind Masern, Quiek! Du darfst nun einige Tage nicht mehr mit deinen Freunden spielen, damit du sie nicht ansteckst!" Aber als Mama Schwein bei den Eltern von Morle und Wuff anrief, lagen die beiden auch schon im Bett, … mit lauter roten Tupfen!

Zeichnen Sie beim Patienten und beim Arzt die Gesichter sowie alle gepunkteten Linien (siehe Vorlagenbogen) auf.
Dann fixieren Sie beim Schweinchen den Kopf mit dem Schnauzenteil sowie den rechten Arm. Mit roten Punkten beklebt, stellen Sie es zur Untersuchung auf den Hocker.

Beim Arzt wird der Kopf zwischen dem Stethoskop befestigt, dann folgen das Ohr und das Schnauzenteil. Das fertige Kopfteil und der Arm werden auf den Kittel gesetzt, das Ringelschwänzchen und die Beine darunter.
Die Diagnose steht fest: Masern!

Brumm ist gestürzt

Der liebste Spielgefährte der kleinen Christin war ihr kuscheliger Teddy Brumm. Das kleine Mädchen hatte ihn so gern, daß er sogar jeden Abend bei ihr im Bettchen schlafen durfte. Es war wunderbar, wenn Christin ihn in den Arm nahm und mit ihm schmuste. Sie erzählte ihm Geschichten und sang ihm solange Lieder vor, bis er eingeschlafen war.

Doch eines Tages änderte sich alles: Christin bekam eine Puppe namens Katrin geschenkt. Katrin hatte lange blonde Haare, die man kämmen konnte, und sie trug ein rosafarbenes Kleid mit weißen Schleifen. Von da an hielt Christin nur noch ihre Puppe im Arm und streichelte sie den ganzen Tag.
Brumm mochte die Puppe nicht – hatte Christin ihn denn ganz vergessen? Sehnsüchtig wartete er auf den Abend, wo er im warmen Bettchen mit seiner Freundin kuscheln konnte.
Doch alles kam anders. Brumm wurde einfach zu den anderen Stofftieren und Spielen ins Regal gesetzt. „Ich will in dein Bett!" rief er; aber da lag schon die Puppe Katrin. Brumm war ganz traurig.

Von da an saß Brumm nur noch im Regal, ohne von seiner Freundin beachtet zu werden. Eines Nachts, als alle schliefen, weinte Brumm bitterlich. „Ich will nicht hier oben sitzen, hier ist es so langweilig", schluchzte er, doch keiner hörte ihn. Er wackelte und schaukelte hin und her, bis er schließlich vom Regal auf den Teppichboden fiel.
„Oh weh, mein Arm tut so weh!" weinte er. Christin wachte vom Wimmern ihres Teddys auf. Sie sah das arme Kuscheltier dort auf dem Boden liegen. Der arme Brumm, ... wie lange hatte sie sich nicht mehr um ihn gekümmert! Sie nahm ihn in den Arm und drückte ihn an ihr Herzchen. Brumm war glücklich – obwohl sein Arm schmerzte. Christin legte den Arm des Teddys in eine Schlinge, und es dauerte einige Tage, bis er wieder in Ordnung war. Das Allerbeste war aber, daß Brumm von nun an wieder mit Christin in ihrem Bettchen schlafen durfte – und die Puppe Katrin wurde seine liebste Freundin, oder, ...na ja, seine zweitliebste!

Die Augen, das Schnauzenteil und die Krallen aufzeichnen. Geben Sie Brumm seine linke Pfote. Dann fixieren Sie das innere Schlingenteil und die rechte Pfote mit der zweiteiligen Schlinge.

Das zusammengefügte Kopfteil und die Fußsohlen werden zum Schluß plaziert. Armer Teddy!

Dech beim Fliegenjagen

Hupf, der kleine Frosch, der an einem großen Waldteich wohnte, ging nur allzu gern auf Fliegenjagd. Vor seiner langen, klebrigen Zunge, die er blitzschnell aus seinem Maul ausrollte, war keine Fliege sicher!

Eines Tages saß Hupf gemütlich auf einem Seerosenblatt und sonnte seinen dicken grünen Bauch! Plötzlich surrte Brummi, die freche Fliege, immer wieder um seinen Kopf. „Fang mich doch! Fang mich doch! Du dicker alter grüner Frosch!" rief sie mit schriller Stimme.
„Na warte!", schrie Hupf und wollte sie rasch fangen. Aber jedesmal, wenn er seine Zunge herausstreckte, flog Brummi so hoch in die Luft, daß er keine Chance hatte, sie zu erwischen. „Haha! Haha! Du bist viel zu lahm! Du kriegst mich sowieso nicht!" lachte die dicke Fliege den Frosch aus. Hupf wurde ärgerlich. „Paß nur auf, du surrendes Etwas!" und schon hüpfte er der Fliege hinterher. Er sprang von einem Seerosenblatt zum anderen – aber Brummi war einfach schneller!

Hupf nahm alle seine Kräfte zusammen und sprang so hoch er nur konnte. Wieder ohne Erfolg, aber oh weih, die Landung war diesmal mehr als unglücklich! „Aua! Aua! Mein Schenkel!" schrie der kleine grüne Frosch: Bei der Landung auf dem Blatt hatte er sich das Bein gebrochen. Die Fliegenjagd war nun vorbei, ...Brummi, die freche Fliege, lachte laut und verschwand.
Hupfs Freunde hörten das Gejammer des Frosches. Sie kamen gleich herbeigehüpft und transportierten ihn ins nächste Krankenhaus. Dort wurde sein Bein eingegipst. Für die nächsten Wochen hieß das erst einmal, Fliegenjagd mit Krücken zu üben. Und noch eines hatte Hupf gelernt: Nie wieder würde er sich von einer Fliege ärgern lassen!

Der kleine Geselle bekommt seine Augen mit den aufgemalten Pupillen, das Näschen und die Wickellinie des Verbandes. Sowohl das fertige Kopfteil als auch die zusammengefügte Krücke und den Gipsverband setzen Sie auf den Anzug. Danach fixieren Sie noch die Arme und von hinten den gesunden Fuß. So flink geht es heute nicht mehr vorwärts ...!

Rabi hat Fieber

Wenn die Sonne scheint, dann gibt es nichts Schöneres als ein Vogelleben: Wenn der Himmel so richtig blau ist und ein sanfter Wind über die Wiesen streicht, dann flattern die gefiederten Gesellen fröhlich durch die Lüfte. Wenn der Himmel aber seine Schleusen öffnet und dicke Regentropfen auf den Boden klatschen, dann suchen sich die meisten Vögel einen Unterschlupf, der sie vor der Nässe und der Kälte schützt.

Allerdings, eben nur die meisten Vögel – nicht aber Rabi, der kleine freche Rabe! Wenn der kalte Nordwind blies und es in Strömen regnete, dann wollte Rabi spazierengehen. „Ich will etwas erleben, ich will die Welt sehen!" rief er den anderen Vögeln zu. „Warte doch, bis es aufgehört hat zu regnen, nachher scheint sicher wieder die Sonne!" ermahnten ihn die älteren Vögel. Aber Rabi war schon auf und davon, und nicht einmal einen Regenschirm hatte er dabei!
„Oh, ist das schön, durch den Regen zu planschen! Wenn die anderen wüßten, was sie da verpassen!" Fröhlich sprang Rabi von einer Pfütze zur nächsten, und so dauerte es nicht lange, bis er pitsche-patsche naß war!

Dann wurde es dem kleinen Raben allerdings doch ein bißchen kalt. „Hatschi", Rabi mußte ganz laut niesen, brrrrrrrrrr – nichts wie heim! Aber bis er wieder in sein warmes, trockenes Nestchen schlüpfen konnte, war die große Erkältung schon da: „Hatschi, hatschi, hatschi!" Der kleine Abenteurer zitterte am ganzen Körper, oh, was war ihm heiß, und dann wieder ganz kalt. Da half nur eine Medizin vom Arzt! Und wie die bitter schmeckte, igitttttttt! „Das kommt davon, wenn man bei diesem Wetter durch die Pfützen springen muß", meinte der Arzt. Und was meinte Rabi dazu? So unrecht hatte der Arzt gar nicht …!
Drei Tage später war Rabi wieder gesund, und weil an diesem Tag die Sonne schien, startete er gleich zu seinem nächsten Spaziergang!

Zeichnen Sie die Augen und alle gepunkteten Linien (siehe Vorlagenbogen) auf.
Damit der kleine Rabe mit seinem hohen Fieber nicht so friert, bekommt er die Mütze aufgesetzt und den Schal umgebunden.
Rabi erhält dann das Augenpaar und seinen Schnabel.

Mit dem rechten Flügel hält er das zusammengefügte Thermometer; nun fehlen noch die großen Krallen und die verschriebene Medizin.
Dann geht es dem kleinen Raben sicher bald besser.

Wuff und der Traum vom Fliegen

Wuff war ein komischer Vogel, oder nein, so kann man es eigentlich nicht sagen. Natürlich war Wuff ein Hund, aber er wünschte sich ständig, so fliegen zu können wie ein Vogel.
Wenn er faul vor seiner Hundehütte lag und die Vögel am Himmel beobachtete, wollte er am liebsten mit ihnen durch die Lüfte schweben. „Ach, muß es herrlich sein, alles von oben ansehen zu können“, murmelte er leise vor sich hin.

Heimlich, wenn es keiner sah, machte er Flugübungen. Er schlug seine Ohren ganz schnell auf und nieder und hoffte so, vielleicht einmal fliegen zu können. Aber nichts geschah, keinen Zentimeter bewegte er sich Richtung Himmel.
Als er eines Tages wieder einmal vor seiner Hütte lag, sah er, wie einige der kleinen Flugkünstler auf dem Birnbaum neben seiner Hütte landeten und dann von dort aus wieder starteten. „Aha, so geht das also! Jetzt kenne ich das Geheimnis des Fliegens!“ jubelte Wuff.
Es war für ihn gar nicht so einfach, den Baum hinaufzuklettern. Endlich erreichte er schließlich eine Astgabel, auf der er sich auf den Hinterpfoten niederließ. „So, jetzt geht's los!“ rief er lauthals. „Ich bin der erste fliegende Hund, den es auf der ganzen Welt gibt“, und schon begann er, seine Schlappohren mit großer Geschwindigkeit auf und ab zu schlagen. „Wenn ich nun vom Ast springe, fliege ich durch die Luft!“ jubelte er und sprang los. „Ich fliege!“ Ja, Wuff flog tatsächlich, aber leider nicht Richtung Himmel, sondern Richtung Erde. Mit einem lauten Knall landete er auf dem Boden. „Aua, aua, mein Bein!“ jaulte er. Mit einem gebrochenen Fuß kam er ins Krankenhaus. Vom Fliegen war keine Rede mehr; jetzt war Wuff froh, wenn ihn eine nette Krankenschwester mit dem Rollstuhl durch den Park schob.

Und als man ihm einige Wochen später den Gips abnahm, freute sich Wuff, weil er wieder wie ein Hund laufen konnte – und fliegen wollte er dann nie mehr!

Geben Sie Wuff und der Krankenschwester jeweils das Gesicht sowie alle gepunkteten Linien (siehe Vorlagenbogen) und die Radinnenteile. Montieren Sie den Rollstuhl. Nachdem der Hund sein Halsband, das Ohr und den Verband erhalten hat, nimmt er im Rollstuhl Platz. Mit der Pfote, die Sie von vorne ergänzen, kann er das Rad bewegen.

Die hilfsbereite Schwester zieht ihre zweiteilige Dienstkleidung an. Dann werden nacheinander der Flügel, der Kamm, der Schnabel, der Hautlappen und die Krallen aufgesetzt.
Nun geht's auf zum Park.

Miau, miau – mein Pfötchen schmerzt

Alle Katzen lieben die Dunkelheit. Dann schleichen sie um Hausecken, jagen Mäuse, gehen im Mondschein spazieren, oder sie machen Katzenmusik. Auch Morle war eine solche Katze.

Wie so oft legte sie sich nachts auf die alte Steingartenmauer von Bauer Nolte. Von diesem herrlichen Platz aus konnte sie am besten die funkelnden Sterne am Himmel beobachten. Aber dann meldete sich ihr Magen: „Knurr, knurr! Ich habe solch einen großen Hunger! Ich muß doch zunächst einmal auf Mäusejagd gehen", dachte das Kätzchen.
Es spitzte die Ohren, um so vielleicht ein Mäuschen zu hören. Und tatsächlich – am Ende der Steinmauer, dort wo der große Rosenstrauch mit seinen vielen herrlich duftenden Blüten stand, raschelte es plötzlich sehr verdächtig. Dort mußte irgendwo eine Maus herumkrabbeln, – und richtig – mit ihren Katzenaugen, die besonders in der Nacht alles gut erkennen können, entdeckte sie das kleine Mäuschen. Auf ihren samtweichen Pfötchen schlich Morle sich ganz leise an ihre Beute heran. „Gleich hab' ich dich", freute sie sich schon. Mit einem gewaltigen Satz sprang sie auf die Maus zu. – Aber dann miaute Morle fürchterlich: „Mein Pfötchen! Mein Pfötchen!" jammerte das Kätzchen. Morle war mitten in den Rosenstrauch gesprungen – und ein Rosenstrauch hat nun einmal viele spitze Dornen!
Das Ergebnis: Das Mäuschen war entwischt, und in Morles Pfötchen steckte ein dicker Dorn. Auwei, auwei!

Bauer Nolte, der das Gejammer seiner Katze hörte, entfernte den Dorn und verband ihr die Pfote. Die nächsten Tage konnte Morle nicht auf Mäusejagd gehen, aber zum Glück wurde sie von Bauer Nolte mit allem versorgt.

NEU zum Kennenlernen

TOPP Transfers

10fach abbügelbare Malvorlagen

Perfekter Freizeit-Spaß!

Traumhafte Motive
für Mode, Raumdesign und Hobby.
Witzig, frech, originell oder einfach praktisch. Ganz wie's gefällt. Kinderleicht für jedermann…

Echt spitze für die individuelle Gestaltung!

Ganz einfach: Motiv aus dem Transfer abbügeln …

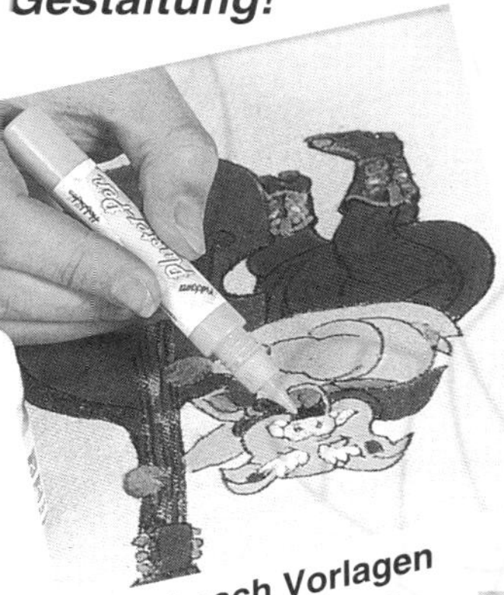

… und nach Vorlagen oder eigenen Ideen ausmalen

Multi-Vorlagen für:

- **Stoffmalerei**
- **Seidenmalerei**
- **Dekorationen**
- **Geschenkpapier**
- **Karten und mehr**

X-beliebig multiplizierbar, kombinierbar, variierbar, rapportierbar – für die grenzenlose Vielfalt!

TOPP

zum

Zeichnen Sie Morles Gesicht und alle gepunkteten Linien (siehe Vorlagenbogen) auf. Beachten Sie, daß Sie die Rückseite deckungsgleich zeichnen, da helleres Papier durchscheint.

Schmücken Sie Morle mit der Schleife, und verbinden Sie fachgerecht die verletzte Pfote. Nur die Mäuschen können sich über diese Verletzung freuen ...

Knapp entwischt!

Es war ein besonders schöner Tag. Mausi, das kleine Mäusemädchen, wollte heute das große Wohnhaus, das mitten im Garten stand, einmal aus der Nähe betrachten.
„Paß gut auf, mein Schatz", mahnte Mama Maus, „daß die Menschen dich nicht entdecken – denn merke dir: Menschen mögen Mäuse nicht! Sie stellen Fallen auf, in die sie herrlich duftende Sachen legen, um uns anzulocken." „Ist schon gut. Ich passe auf!" rief Mausi, und schon war sie verschwunden!

Nach einem Streifzug durch die Blumenbeete erreichte Mausi die Terrasse des Wohnhauses. Hier saßen die Menschen sehr oft, um zu plaudern. Und gegessen wurde hier auch sehr oft.
„Oh, da liegen ja noch einige Brötchenkrümel auf dem Fußboden", piepste die kleine graue Maus, und schon ließ sie es sich schmecken.
Plötzlich stieg ein wunderbarer Duft in ihr Näschen. „Wo mag dieser Duft nur herkommen?" rätselte Mausi. Sie schaute sich nach allen Seiten um. Da – in einiger Entfernung lag ein großes Stück Käse, Mausis Herz schlug schneller. Diesen Käse mußte sie auf jeden Fall haben – und schon waren die guten Ratschläge von Mama Maus vergessen!
Sie nahm Anlauf, ergriff in Windeseile den Käse und ... schrie: „Aua, aua!" Die Falle war zugeschnappt, und Mausis Schwänzchen war eingeklemmt. Zum Glück hörte Mama Maus das Schreien ihrer kleinen Tochter. Sie befreite Mausi, und das Schwänzchen bekam einen dicken Verband!

Es dauerte einige Tage, bis alles wieder verheilt war. Aber dann war Mausi wieder genauso hübsch wie vorher – und um Mausefallen machte sie seitdem einen großen Bogen!

Das arg geschundene Mäuschen bekommt das Auge, das Näschen und den Mund aufgezeichnet. Ebenso werden alle gepunkteten Linien (siehe Vorlagenbogen) aufgemalt. Dann erhält das weinende Mäuschen die Ohren und den dikken Verband. Mit einem Tuch, das es in der linken Pfote hält, trocknet es sich die Tränen ab. Und nach diesem Schrecken muß es sich erst einmal auf den Hocker setzen!

Auch Große haben Angst

Viele Kinder werden gegen allerlei Krankheiten geimpft, und die meisten von ihnen haben ein bißchen oder vielleicht auch ein bißchen mehr Angst vor dem Pieks der Nadel. Aber das ist nicht nur bei Kindern so – den Großen geht es oft genauso.

Malen Sie die Gesichter und alle gepunkteten Linien (siehe Vorlagenbogen) auf. Fixieren Sie beim Elefanten die Kleidungsstücke auf dem dicken Körper, bevor Sie das fertige Kopfteil plazieren. Fügen Sie die Kleidungsstücke des Arztes zusammen, und kleben Sie die Füße und den mit einer Mütze bedeckten Kopf unter. Danach bekommt der Arzt noch sein Ohr. Mit der Pfote hält er die dreiteilige Spritze. – Vorsicht! Jetzt kommt der kleine Pieks!

Selbst Trampel, dem Elefantenkind, das ja schon ziemlich groß war, erging es nicht anders. „Ich will nicht zum Arzt! Ich will keine Spritze!" heulte Trampel und trampelte dabei mit seinen dicken Beinen auf der Stelle umher.
„Nun komm schon", ermahnte ihn die Elefantenmama, „der Arzt wartet auf uns." „Ich werde mich verstecken", überlegte Trampel, der vor lauter Angst schon Bauchweh bekam. Er versuchte, in den Kleiderschrank zu klettern, aber sein dicker Popo paßte nicht hinein, und als er unter das Bett kriechen wollte, stieß er mit seinem dicken Bauch an. „Ich werde mich hinter dem Duschvorhang verstecken", murmelte Trampel, und schon stieg er in das Duschbecken hinein und zog den Vorhang zu. Aber Mama Elefant hatte ihn gehört und holte ihn an den großen Elefantenohren wieder heraus.
Sie nahm ihn an der Hand, und nun mußte Trampel, ob er wollte oder nicht, mit zum Arzt. Dr. Wunder wartete schon auf ihn. Vorsichtig zog der Elefant die Hose ein wenig herunter. Dr. Wunder holte die Spritze, und dann war er da, der Pieks, der ein wenig weh tat – aber dann war alles ganz schnell vorbei.

„Na, siehst du, so schlimm war es doch gar nicht, und du warst wirklich tapfer!" lobte Dr. Wunder und strich dabei dem Elefantenkind sanft über den Kopf. Trampel zog schnell die Hose wieder hoch. Und vielleicht war der Pieks wirklich nicht so schlimm, wie die Krankheit gewesen wäre ...!

Bauchweh

Nasi, das kleine Nashorn, wurde fünf Jahre alt. Heute sollte die große Geburtstagsfeier starten, und Nasi hatte dazu viele Freunde eingeladen. Trampel, das Elefantenkind, Morle, die Katze, Hupf, der Frosch, das Schweinchen Quiek und Brumm, der Bär, waren zum Gratulieren gekommen. Sie sangen Nasi ein Geburtstagslied und brachten tolle Geschenke mit! Mutter Nashorn hatte leckeren Kuchen gebacken, und dann gab's noch viele Süßigkeiten. Auf dem schön gedeckten Tisch standen fünf brennende Kerzen.

Die Geburtstagstorten schmeckten herrlich! Nasi hatte einen besonders großen Appetit. Er aß eine ganze Torte allein, bis seine Mutter warnte: „Nasi, iß nicht so viel, sonst bekommst du Bauchweh!" Aber das Nashornkind hörte nicht, was die Mutter sagte, und schwupp-di-wupp hatte es schon die zweite Torte verschlungen, und eine große Tüte Schokoladenbonbons paßte auch noch in den Bauch hinein!
Nach dem Kaffeetrinken spielten die Freunde einige Wettspiele. Der Nachmittag war lustig, die Freunde hatten viel Spaß. Aber als am Abend die Geburtstagsgäste gegangen waren, bekam Nasi schreckliche Bauchschmerzen. Der Bauch war dick und piekte überall. „Mama, Mama, mein Bauch tut weh!" Aus Nasis Augen kullerten dicke Nashorntränen. „Ja, ja, mein kleines Dickerchen, du hast einfach zuviel gegessen!" erinnerte Mama Nashorn und rieb ihrem Kleinen den Bauch.
Sie holte eine Wärmflasche und füllte sie mit heißem Wasser. „So, nun leg die Flasche mal auf deinen Bauch, das hilft bestimmt", tröstete sie ihr Kind, und wirklich – nach einiger Zeit verschwanden die Bauchschmerzen.

Nasi nahm sich vor, am nächsten Geburtstag nicht mehr so viel zu essen. Denn da war er ja schließlich sechs Jahre und schon ganz schön vernünftig!

Malen Sie das Gesicht von Nasi und alle gepunkteten Linien (siehe Vorlagenbogen) auf.

Ziehen Sie dem Nashorn die gelbe Hose an, und legen Sie ihm dann die Wärmflasche auf den dicken Bauch.
Zwei große Tränen kullern aus den Augen. Mit der linken Hand hält er ein Tuch, mit der rechten die Wärmflasche.
Nun braucht das gewichtige Tier noch seine Fußsohlen, und dann muß man nur noch warten, daß die Bauchschmerzen bald vorbeigehen.

Hoppel hatte Pech!

Häschen Hoppel hatte schon viel über den Osterhasen gehört. Es wußte, daß er die Hühnereier herrlich bunt bemalt und dann diese kleinen Kunstwerke an den Ostertagen zu den Menschenkindern bringt.

„So ein schönes Ei möchte ich auch haben", dachte Hoppel. Im Nachbargarten stand ein großes Hühnerhaus, das über eine Leiter zu erreichen war. Es wurde von einem großen, bunten Hahn bewacht, der allerdings nicht allzu freundlich aussah. Dennoch beschloß Hoppel, ein Ei aus dem Nest der dicken Henne Berta zu stibitzen.

Als der Bauer am Morgen sein Federvieh fütterte, lief auch die dicke Berta zur Futterstelle. Hoppel hatte es genau beobachtet. Das war die beste Gelegenheit, ein Ei zu holen. Auf leisen Pfoten schlich er zur Hühnerleiter. Langsam kletterte er die Treppen zum Hühnerhaus hinauf. „Gleich hab' ich es geschafft! Gleich bin ich oben", dachte das Häschen.

Doch plötzlich schaute der bunte, furchterregende Hahn aus dem Hühnerhaus. „Na, Langohr, was machst du denn hier?" fragte der Herr des Hauses. Hoppel erschrak so fürchterlich, daß sein Herz fast stehenblieb. Er verlor den Halt und stürzte rums-di-bums die ganze Hühnerleiter herunter.

„Au, au, mein Ohr und meine Pfote", weinte das Häschen. Es humpelte, so schnell es konnte, nach Hause, wo seine Mutter ihm die schmerzenden Stellen verband.

Am Nachmittag bekam Hoppel Besuch. Und wer war der Besucher? Die Henne Berta war gekommen, um zu sehen, wie es dem kleinen Hoppelmann ging, und sie brachte ihm sogar ein Geschenk mit. Und was war es? Ein schönes großes Hühnerei! Nun war Hoppel das glücklichste kleine Häschen auf der ganzen Welt!

Zuerst werden das Gesicht des Hoppelmannes sowie die Wickelnähte und alle gepunkteten Linien (siehe Vorlagenbogen) aufgezeichnet. Dann fixieren Sie das Schnäuzchenteil sowie die Verbände und das Innenohr. Hoffentlich heilen die Verletzungen schnell …

Malen Sie die Gesichter der netten Krankenschwester und des gefährlichen Krokodils sowie alle gepunkteten Linien (siehe Vorlagenbogen) auf.
Setzen Sie ihr das Häubchen auf, und fixieren Sie das Ohr am Kopf der Schwester. Dann plazieren Sie die Kittelteile an dem Körper.

Bevor Sie das Krokodil ins Bett legen, befestigen Sie folgende Teile nacheinander auf dem Bettrahmen: das Schwanzteil, das zusammengefügte Kopfkissen und das Oberbett. Nun braucht Kroki noch seine scharfen Zähne und den Kopfverband.
Dann kann die Krankenschwester ihm die Medizin verabreichen.

Kroki hat Zahnschmerzen

Kroki war ein Krokodil mit großen, scharfen Zähnen. „Ich habe einen Riesenhunger", brummelte das grüne Tier, „ich muß mir ein paar Fische fangen." Und schon ließ sich Kroki lautlos durchs Wasser gleiten. Wenn er einen Fisch sah, schwamm er blitzschnell darauf zu, und mit einem Biß hatte er ihn in seinem großen Maul verschlungen. Kroki hatte gefährliche, spitze und scharfe Zähne. – Aber auch solche Zähne können Löcher bekommen, wenn man sie nicht putzt.
Es war kaum zu glauben – Kroki hatte noch nie eine Zahnbürste benutzt! Er hatte zwar einen Vogel als Freund, der ihm mit seinem spitzen Schnabel die Essensreste zwischen den Zähnen herausholte, aber leider hatte sich der Freund schon lange nicht mehr blicken lassen.
Und so passierte es dann! Das Krokodil wachte auf und hatte schreckliche Zahnschmerzen. „Aua, aua. Hör endlich auf, weh zu tun, du dummer Zahn", jammerte und schimpfte Kroki. Aber ein Backenzahn hatte ein großes Loch, und die Schmerzen wurden immer stärker. Dem Krokodil blieb nichts anderes übrig, es mußte in die Zahnklinik. „Der Zahn muß gezogen werden!" sagte der Arzt. Kroki mußte zwei Tage in der Klinik bleiben, damit die Wunde sich nicht entzündete.

In dieser Zeit bekam das Krokodil sein Maul fest zugebunden, da die Krankenschwester Angst hatte, gebissen zu werden. Nur wenn das Tier sein Essen und die Medizin bekam, wurde der Verband entfernt.
Als Kroki aus dem Krankenhaus entlassen wurde, bekam er noch eine große Zahnbürste geschenkt. Der Arzt sagte: „So, mein liebes Krokodil, mit dieser Bürste mußt du dir nach jeder Mahlzeit gründlich die Zähne putzen!"
Und vor lauter Angst, wieder solch schreckliche Zahnschmerzen zu bekommen, wurde Kroki der beste Zahnputzer, den es je gab!

Meine Augen!

Von Natur aus sind Maulwürfe fast blind. Vielleicht lieben sie deshalb vor allem die Nächte. Die kleinen Tiere mit ihrem samtweichen Fell und ihren Grabschaufeln sind besonders fleißige Arbeiter. Auch Graby war solch ein Geselle.
Die ganze Nacht über buddelte er Gänge unter der Wiese von Bauer Bolte, und dabei entstanden viele schöne große Maulwurfshügel, die der Bauer aber leider nicht mochte. Graby liebte diese Wiese über alles. Auf ihr wuchsen saftiges Gras und herrlich duftende Blumen. Außerdem gab es hier viele dicke Käfer, die dem kleinen Maulwurf besonders gut schmeckten.

Eines Tages hörte Graby seltsame laute Geräusche auf der Wiese. „Nanu! Was ist denn nun los?" staunte er. Neugierig, wie er nun mal war, schaute er aus seinem Hügel heraus. Ein Traktor mit einer komischen Sprühvorrichtung kam auf ihn zugefahren. Graby bekam Angst. „Ich muß hier weg!" schrie er und versuchte noch schnell, in seinen gebuddelten Gang zurückzuklettern. Aber es war zu spät! Ein Sprühstrahl traf seine Augen. „Aua, meine Augen brennen so!" jammerte er. Seine dicken Tränen reinigten zwar die Augen, aber der Schmerz ließ nicht nach.
Augenarzt Dr. Schau, der nahe der Wiese wohnte, machte Graby einen Salbenverband für die Augen, damit sie sich nicht entzündeten.

Doch Graby war traurig. Er merkte sehr wohl, daß der Bauer ihn vertreiben wollte. Aus Angst davor, daß der Traktor noch einmal wiederkommen würde, faßte der Maulwurf den Entschluß, sich eine neue Wiese zu suchen.
Das war wirklich gar nicht einfach, denn wer will schon die vielen Maulwurfshügel auf seinem Rasen oder der Wiese haben. Doch nachdem Graby einige Tage auf der Suche war, fand er endlich eine Wiese, auf der er nach Herzenslust buddeln und Maulwurfshügel aufschichten konnte!

Alle schwarz markierten Stellen sowie alle gepunkteten Linien (siehe Vorlagenbogen) werden zuerst aufgezeichnet.
Dann erhält der fleißige Arbeiter seinen Kopf, den Arm und die sportliche Hose.
Versehen Sie Graby mit einer Augen- und Armbinde. Und damit er sich in seiner Umgebung zurechtfindet, benötigt er noch seinen Blindenstock.

Mausi kommt ins Krankenhaus

Mausi wurde von den Rettungssanitätern ins Krankenhaus gebracht. Sie hatte Verletzungen am Kopf und am Ohr. Ihr ging es wirklich nicht besonders gut, das tat ganz schön weh!
Dabei hatte der Tag so gut angefangen! Das neugierige Mäuschen war durch ein kleines Loch in die Küche eines Wohnhauses geschlüpft, aus dem sie von einem herrlichen Käseduft angelockt wurde. Dort, mitten auf dem Küchentisch, lag ein großes Stück Käse. „Ich glaube, ich träume!" rief die kleine Maus. „Solch ein großes Käsestück habe ich bisher nur einmal im Traum gesehen!"
Flink krabbelte sie am Tischbein hinauf und setzte sich direkt vor das große Stück. „Hm, hm, schmeckt der Käse gut!" schmatzte Mausi vor sich hin. Sie aß so viel von der Köstlichkeit, daß ihr Bäuchlein richtig dick wurde.
Plötzlich öffnete sich die Küchentür, und eine Frau kam herein. Sie sah Mausi und fing laut an zu schreien. "Hilfe, Hilfe! Eine Maus!" Mausi bekam einen fürchterlichen Schreck. Schnell sprang sie vom Küchentisch herunter. Die Frau ergriff einen Besen, der nahe der Tür stand, und schlug damit nach dem ängstlichen Tier. Mausi wußte gar nicht, was sie machen sollte. In heller Aufregung lief sie von einer Ecke der Küche in die andere. Der Besen erwischte das Ohr und den Kopf – es tat schrecklich weh. Dann war da zum Glück das kleine Loch in der Wand. Mit letzter Kraft erreichte Mausi es und konnte so dem gefährlichen Besen, der ständig hinter ihr hersauste, entkommen.
Die Verletzungen am Ohr und am Kopf waren so schwer, daß Mausis Freunde den Rettungswagen bestellten. Mausi mußte einige Tage im Krankenhaus bleiben, bevor sie wieder nach Hause durfte. Das Mäuschen mied seitdem die Wohnhäuser der Menschen – obwohl es eigentlich nicht verstehen konnte, warum solch ein großer Mensch Angst vor einer solch kleinen Maus hat.

Die Gesichter sowie alle gepunkteten Linien (siehe Vorlagenbogen) sind zuerst an der Reihe. Mausi bekommt den Kopfverband angelegt. Dann fixieren Sie den Arm und die Hose und legen die verletzte Maus auf die zusammenmontierte Bahre.

Die Schildkröte, die sofort zur Stelle ist, erhält ihren Panzer mit dem roten Kreuz – und auf geht's zum Krankenhaus.

1,50 m Halsschmerzen

Im Zoo herrschte große Aufregung. Denn als die Giraffe Gerda erwachte, fühlte sie sich nicht sehr wohl. Sie klagte über starke Halsschmerzen. 1,50 m Halsschmerzen…!
Die Tiere des Zoos wußten dem Langhals einen guten Rat: „Du brauchst einen Halswickel!" rief die weise Eule. Doch keiner war so groß, um den Halswickel anzulegen, und eine Leiter war nirgends zu sehen.

Plötzlich rief das kleine Äffchen Klettermaxe: „He, wozu bin ich denn da!" Alle Tiere sahen den Kleinen erstaunt an. Mit einem gewaltigen Satz sprang er auf den Rücken von Gerda und kletterte von dort aus den langen Hals empor. Vorsichtig legte er der Giraffe den Halswickel um. „Bravo, bravo!" applaudierten die Zootiere. Und bald schon ließen die Halsschmerzen nach. „Schön, daß man Freunde hat, die in der Not helfen!" lächelte die Giraffe!

Zeichnen Sie die Gesichter der beiden Freunde und die Wickelnähte des Verbandes auf. Dann erhält der Langhals seine braunen Hörner, die Ohren, das Schwanzteil und die typische Maserung. Der Affe, der auf dem Rücken des großen Tieres Platz nimmt, bekommt sein Gesichtsteil. Nun kann der Freund die zweiteilige Halswickel anlegen. 1,50 m lang…!